BEI GRIN MACHT SICH IHR WISSEN BEZAHLT

- Wir veröffentlichen Ihre Hausarbeit,
  Bachelor- und Masterarbeit

- Ihr eigenes eBook und Buch -
  weltweit in allen wichtigen Shops

- Verdienen Sie an jedem Verkauf

Jetzt bei www.GRIN.com hochladen und kostenlos publizieren

Steffen Nöhrbaß

Unterrichtseinheit: Beeinflussung der HCl-Addition an Alkene durch elektronische Effekte

GRIN Verlag

Bibliografische Information der Deutschen Nationalbibliothek:

Die Deutsche Bibliothek verzeichnet diese Publikation in der Deutschen National-
bibliografie; detaillierte bibliografische Daten sind im Internet über http://dnb.d-
nb.de/ abrufbar.

Impressum:

Copyright © 2006 GRIN Verlag GmbH
Druck und Bindung: Books on Demand GmbH, Norderstedt Germany
ISBN: 978-3-638-92255-5

Dieses Buch bei GRIN:

http://www.grin.com/de/e-book/69552/unterrichtseinheit-beeinflussung-der-hcl-
addition-an-alkene-durch-elektronische

Steffen Nöhrbaß, StRef   …………, 11.12.2006

Staatliches Studienseminar

für das Lehramt an Gymnasien

Entwurf zur 2. benoteten Lehrprobe im Fach Chemie

Schule: ….

Klasse: LK 12

Ort: CH 1

Termin: Dienstag, 12.12.2006, 4. Stunde (10.45 - 11.30)

Fachlehrer: Herr ….

Fachleiter: Herr ….

Seminarleitung: Herr ….

Thema der Stunde:

Beeinflussung der HCl-Addition an Alkene durch elektronische Effekte

Inhaltsverzeichnis

1. Lernziele

1.1 Grobziel

Die Schülerinnen und Schüler[1] sollen den Einfluss des induktiven Effektes bei der elektrophilen Addition von HCl an 2-Methylpropen erklären können.

1.2 Feinziele

Die Schüler sollen:
- die Schritte des Reaktionsmechanismus der elektrophilen Addition von HCl an 2-Methylpropen erklären,
- den entscheidenden Schritt für die Bildung eines der beiden Produkte nennen,
- die Bevorzugung der Bildung von 2-Chlor-2-methylpropan über die Stabilität des entsprechenden Carbeniumions erläutern,
- die unterschiedlichen Stabilitäten der Carbeniumionen anhand der induktiven Effekte der Methylgruppen begründen,
- (eine Regel für die Addition von HCl an unsymmetrische Alkene formulieren).

2. Unterrichtsvoraussetzungen

2.1 Eigene Tätigkeit

Der Kurs, in dem ich zunächst nur hospitiert habe, ist mir schon seit letztem Schuljahr bekannt. Seit vier Wochen unterrichte ich selbst im Wechsel mit Herrn Sauer, da es mir alle 14 Tage in der Donnerstagsstunde aufgrund des Allgemeinen Seminars nicht möglich ist den Kurs zu sehen. Die Lehrprobenstunde ist die neunte Chemiestunde, die ich in diesem Kurs halte.

2.2 Bild der Klasse

Der Leistungskurs Chemie 12-1 besteht aus drei Schülerinnen und zwölf Schülern. Die Leistungsfähigkeit des Kurses ist insgesamt hoch, aber dennoch als eher heterogen anzusehen. Eine leistungsstarke Gruppe von fünf bis sechs Schülern hebt sich

---

[1] Aus Gründen der Vereinfachung wird nachfolgend nur die Bezeichnung „Schüler" verwendet.

vom übrigen Teil des Kurses ab und sorgt durch fruchtbare Beiträge und eigene Nachfragen für ein Fortkommen des Unterrichts. Drei bis vier Schüler verhalten sich sehr zurückhaltend, beteiligen sich nur zaghaft am Unterrichtsgeschehen und sind in ihrer Fachsprache sehr unsicher. Durch gezielte Einbindung in Sicherungs- und Wiederholungsphasen sollen diese Schüler zu einer aktiveren Teilnahme bewogen werden. Ein Schüler spricht sehr leise und muss von mir häufig zu lauterem Sprechen animiert werden. Insgesamt ist die Bereitschaft, Experimente oder Arbeitsaufträge selbständig in Gruppen durchzuführen hoch. Die einzelnen Aufgaben werden in der Regel zügig und gewissenhaft bearbeitet und auf die verschiedenen Gruppenmitglieder oft selbständig verteilt. Unbegründete Aussagen und Hypothesen werden vom größten Teil des Kurses nicht einfach hingenommen, sondern des Öfteren hinterfragt. Das Lehrer-Schüler-Verhältnis ist in dem einen Jahr sichtlich gereift und von meiner Seite als sehr positiv zu bewerten. Sicherlich hängt dies auch mit dem respektvollen gegenseitigen Umgang zusammen.

2.3 Stand der Klasse

In den letzten Wochen wurde intensiv das Themengebiet der Organischen Chemie bearbeitet. Ausgehend von der Verbindungsklasse der Alkane wurden deren Eigenschaften und typische Reaktionen erarbeitet. Dabei wurden im Speziellen die Mechanismen der radikalische Substitution von Alkanen mit Halogenen und von der nucleophilen Substitutionen von Halogenalkanen mit Alkalilaugen (S_N1 und S_N2), die sich dem Pflichtbaustein 114 „Synthesen I: Substitutionen" zuordnen lassen, genauer untersucht. Hier wurden die Begriffe Übergangszustand und Zwischenstufe voneinander abgegrenzt. Zur S_N-Reaktion erfolgte eine detaillierte Betrachtung der unterschiedlichen Einflüsse von Substrat, Lösungsmittel und Abgangsgruppe auf die Bevorzugung eines monomolekularen bzw. bimolekularen Reaktionsmechanismus. Auf die Stereochemie bzw. auf die Konfigurationsänderung durch die S_N2-Reaktion am asymmetrischen Kohlenstoff wurde nicht eingegangen. Es schloss sich eine kurze Behandlung der Eliminierungsreaktion als Konkurrenzreaktion zur Substitution an. In den letzten beiden Stunden wurde der Reaktionsmechanismus der elektrophilen Addition von Brom an Ethen genau besprochen, wobei die einzelnen Schritte von den Schülern beschrieben werden sollten. In diesem Zusammenhang wurden die Begriffe π- und σ-Komplex eingeführt. Im Anschluss wurde die Reaktion von Ethen mit HCl ohne detaillierte Betrachtung des Reaktionsmechanismus vorgestellt, wobei lediglich die Bruttoreaktionsgleichung von den Schülern formuliert wurde.

2.4 Äußere Voraussetzungen

Zur Erleichterung aller betroffenen Fachkollegen konnten die neuen Fachräume für die Physik und die Chemie noch in diesem Sommer fertig gestellt werden. Es ergibt sich somit eine Vielzahl von Möglichkeiten, die entsprechenden Räume mit ihren Ausstattungen zu nutzen. Jedoch entscheide ich mich aufgrund der besonderen Lehrprobensituation gegen eine Nutzung der magnetischen „Whiteboards" an der hinteren Raumwand.

3. Begründung der didaktischen Entscheidungen

Das Themengebiet der „elektrophilen Addition" ist im Lehrplan der Sekundarstufe II im Bereich des Leistungskurses im Pflichtmodul 115 zusammen mit der Eliminierung einzuordnen (MINISTERIUM FÜR BILDUNG, WISSENSCHAFT UND WEITERBILDUNG RHEIN-LAND-PFALZ (HRSG.): Lehrplan Chemie. Sekundarstufe II. Mainz 1998, S. 119). Innerhalb des Spiralcurriculums ist das Themengebiet „Kohlenstoffverbindungen (Substitution, Eliminierung, Addition)" oberhalb von „Kohlenwasserstoffen und Derivaten" vorgesehen, um hier auf eine vertiefte Betrachtung von Reaktionen der verschiedenen Kohlenwasserstoffe aufbauend auf dem Vorwissen aus der Mittelstufe eingehen zu können.

Die heutige Stunde hat sowohl weiterführenden, als auch einführenden Charakter, da die Schüler in den letzen Stunden bereits mit den Begriffen der elektrophilen Addition und der Reaktion eines Alkens mit HCl vertraut wurden (siehe 2.3). Auf diese soll dann in der Einführung der Thematik der Beeinflussung der elektrophilen Addition zurückgegriffen werden. Neu ist für die Schüler die Verwendung eines unsymmetrischen Alkens als Substrat. Inhalt der heutigen Stunde soll die Betrachtung des Einflusses des induktiven Effektes auf die Stabilität der Carbeniumionen und die daraus resultierende Konsequenz für die Produktbildung über die Formulierung eines Reaktionsmechanismus darstellen.

Aus fachwissenschaftlicher Sicht wird bei der Addition von HCl an ein unsymmetrisches Alken zunächst ein Proton elektrophil an die Doppelbindung und danach das Chlorid-Ion nucleophil an das Carbeniumion angelagert. Die Gesamtreaktion verläuft dabei über vier Schritte. In einem ersten Schritt kommt es zu Wechselwirkungen zwischen den π-Elektronen der Doppelbindung und dem HCl-Molekül, wobei sich ein π-Komplex bildet und die Polarisierung des HCl-Moleküls durch die Elektronenabstoßung erhöht wird. Im zweiten Schritt wird die HCl-Bindung aufgelöst und das Proton lagert sich elektrophil an die Doppelbindung. Es kommt zu einem intermediären zyklischen Carboniumion mit einer 3-Zentren-2-Elektronen-Bindung, das sich im darauf folgenden Schritt direkt in ein Carbeniumion umlagert. Im letzten schnell verlaufenden Schritt greift das Chlorid-Ion nucleophil am positiv geladenen Kohlenstoffatom des Carbeniumions an. Ausschlaggebend für die Art des Produktes ist der dritte Schritt, an dem es zur Ringöffnung kommt. Hierbei wird nach der Regel von MARKOVNIKOV stets das stabilere Carbeniumion gebildet. Die Stabilität wiederum wird maßgeblich durch elektronische Effekte von Substituenten beeinflusst.

In der Lehrprobenstunde verzichte ich auf die genauere Betrachtung der 3-Zentren-2-Elektronen-Bindung, da den Schülern das Orbitalmodell noch nicht bekannt ist und sie somit diesen Zustand auch nicht ausreichend erklären können. Jedoch erscheint mir die Erwähnung wichtig, da den Schülern durch einen direkten Übergang vom π-Komplex zum Carbeniumion eine Protonierung eines Kohlenstoffatoms suggeriert wird. Die Begriffe Übergangszustand und Zwischenstufe sind den Schülern geläufig, was ebenfalls für eine Erwähnung derselben spricht. Mesomere Grenzformeln sind den Schülern nicht bekannt und werden dementsprechend in dieser Stunde auch nicht thematisiert.

Über die Vorstellung der Reaktion von 2-Methylpropen mit HCl und der Präsentation der Produkte und deren Verteilung sollen die Schüler anfangs Ideen zur Erklärung der deutlichen Verteilung formulieren. 2-Methylpropen wurde deshalb von mir ausgewählt, weil es bei der späteren Betrachtung des Mechanismus deutlicher den Einfluss des induktiven Effektes der Methylgruppen auf die Stabilität des Carbeniumions hervorhebt. Im Anschluss an die Hypothesenbildung erfolgt die genauere Betrachtung des Reaktionsmechanismus. Da den Schülern die Reaktivität der Doppelbindung schon bekannt ist, werden sie direkt die Bildung des π-Komplexes in Erwägung ziehen und mit Hilfe ihrer Vorkenntnisse den Mechanismus erschließen können. Die Formulierung eines Carboniumions kann mit dem Vorwissen der Schüler nicht erwartet werden, weshalb ich an dieser Stelle deduktiv vorgehen und den Übergangszustand vorgeben werde. Die Problematisierung, welches Produkt denn nun vorzugsweise entsteht ergibt sich zwangsläufig an dem Punkt, bei dem das Carbeniumion gebildet wird. Weiterhin erscheinen dann eine Betrachtung von elektronischen Einflüssen und der Vergleich beider Carbeniumionen unumgänglich. Abschließend erfolgt einerseits eine Zuordnung in ein Energieschema, um die unterschiedlichen Energieverläufe vergleichend darzustellen, und andererseits die Formulierung einer allgemeinen Gesetzmäßigkeit für die elektrophile Addition von Halogenwasserstoffen an unsymmetrische Alkene.

Zuletzt sollen die Schüler ihre neu erworbenen Erkenntnisse anhand der Reaktion zweier unterschiedlicher Alkene mit HCl anwenden und die Formulierung der jeweiligen Produkte begründen. Sollte für dieses Additum keine Zeit mehr zur Verfügung stehen, müssen die Schüler den Arbeitsauftrag als Hausaufgabe bearbeiten.

4. Begründung der methodischen Entscheidungen

Zu Stundenbeginn werde ich den Schülern die Reaktion von 2-Methylpropen mit HCl und die zu erwartenden Produkte vorstellen und in Form einer Reaktionsgleichung auf einer Folie präsentieren. Die Problematisierung besteht jetzt darin, welche Produktverteilung man erwarten könnte und durch welche Überlegungen man auf diese schließen kann. Dazu lasse ich von den Schülern Ideen formulieren und werde eventuell die Betrachtung des Mechanismus durch die Darstellung als „black box" in der Reaktionsgleichung als Impuls vorgeben.

Ein Experiment schließe ich für diese Stunde in jeglicher Form aus, da man dadurch die einzelnen Schritte und letztendlich das überwiegende Produkt nicht verdeutlichen kann. Zur Untersuchung der unterschiedlichen Reaktivität von verschieden substituierten Alkenen bietet sich allerdings durchaus ein Vergleichexperiment an.

Im Anschluss werden die von mir vorbereiteten Arbeitsaufträge im Kurs besprochen und als Arbeitsblatt mit einem lückenhaften Reaktionsmechanismus ausgeteilt. Dieses Arbeitsblatt liegt auch als Folie vor. Der Kurs wird dabei von mir in vier Gruppen zu je vier Schülern (eine 3er-Gruppe) eingeteilt. Während der Gruppenarbeit werde ich einer Gruppe eine Folie zur Vorbereitung der Präsentation des Mechanismus reichen, wobei diese Gruppe dann auch ihre Ergebnisse präsentiert. Ich habe mich bewusst für die Gruppenarbeit entschieden, da sie das gemeinsame Erarbeiten von Lösungsstrategien, die speziell in der Organischen Chemie von Bedeutung sind, fördert und schwächere Schüler durch stärkere im Lernprozess unterstützt werden können. Die Präsentation der Ergebnisse mit Hilfe der Folie auf dem Overheadprojektor erfolgt dann exemplarisch von einer Gruppe, wobei dieses Ergebnis im Unterrichtsgespräch ergänzt oder verändert wird. An dieser Stelle erfolgt die erste Sicherung der Ergebnisse auf den Arbeitsblättern und, falls von den Schülern noch nicht erfolgt, die Problematisierung des für die Produktbildung entscheidenden Schrittes.

Die nächsten Unterrichtsschritte basieren auf der Erarbeitung des Reaktionsmechanismus. Der entscheidende Punkt im Mechanismus sollte von den Schülern erkannt und thematisiert werden. Es schließt sich eine genauere Betrachtung der unterschiedlichen Carbeniumionen mit Hilfe einer Folie an. In einem Lehrgespräch, idealerweise in einem Unterrichtsgespräch, sollen die Schüler die unterschiedlichen Stabilitäten, auch anhand induktiver Effekte, diskutieren und die Konsequenz für die Produktverteilung bei der Additionsreaktion in Form einer allgemeinen Gesetzmäßigkeit (MARKOVNIKOV-Regel) formulieren. Abschließend werden die zwei möglichen Reaktionsverläufe in ein Energiediagramm eingeordnet, indem die Schüler vorbereitete Folienschnipsel den entsprechenden Stellen im Diagramm zuordnen. Hier wäre eine Abrundung der Stunde möglich. Falls es die Zeit noch zulässt, können die Schüler das in der didaktischen Analyse beschriebene Additum bearbeiten, das dann gegen Ende der Stunde besprochen wird.

5. Geplanter Unterrichtsverlauf

Unterrichtsschritt	Unterrichtsinhalte, Begriffe	Medien	U.-Form
Einstieg	Reaktion von 2-Methylpropen mit HCl liefert zwei mögliche Produkte unterschiedlicher Ausbeute	OHP, Folie 1	LV
Problematisierung	Produktverteilung, Reaktionsmechanismus?	OHP, Folie 1 ergänzt	LG, (UG)
Erarbeitung I	π-Komplex, Carboniumion, Carbeniumion, Chlormethylpropan	AB	GA
Sicherung I	Erklärung des Reaktionsmechanismus / Präsentation	OHP, Folie 2, AB	SV, UG
Problematisierung	An welchem Punkt entscheidet es sich, ob Produkt A oder B gebildet wird?		
Erarbeitung II	Ringöffnung, Bildung des Carbeniumions, Stabilisierung durch +I-Effekte	Folie 3	LG (UG)
Sicherung II	Stabilität des Carbeniumions ist entscheidend, Regel von Markovnikov (Produkt, bei dem die Reaktion über das stabilere Carbeniumion läuft, entsteht überwiegend)	Folie 3, Heft	SV (LV)
Additum oder Hausaufgabe	Reaktion zweier verschiedener Alkene mit HCl, Formulierung der Reaktionsprodukte	AB	PA

6. Anhang

6.1 Geplante Folien

Folie 1: Reaktionsgleichung 2-Methylpropen mit HCl

Folie 2 (zugleich Arbeitsblatt): Reaktionsmechanismus

Folie 3: unterschiedliche Carbeniumionen, Energieprofil

6.2 Geplante Arbeitsblätter

Arbeitsblatt 1: siehe Folie 2

Arbeitsblatt 2: Reaktion zweier unterschiedlicher Alkene mit HCl

Folie 1

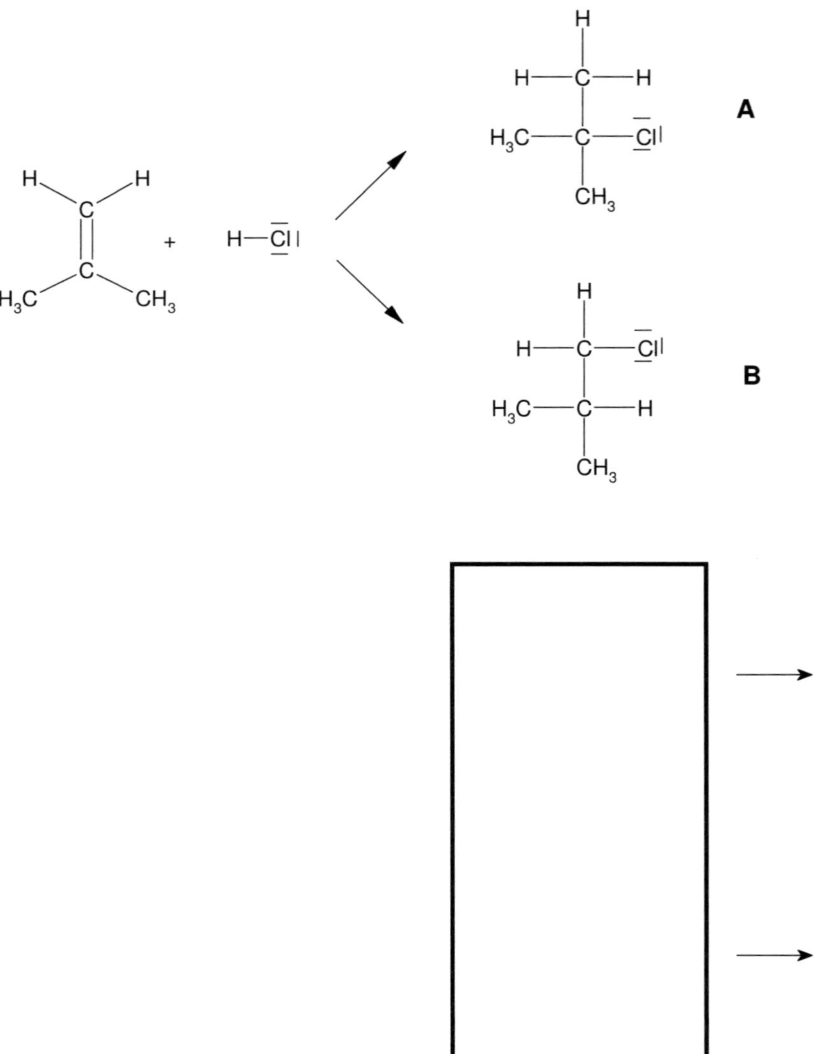

10

<u>**Arbeitsblatt: Reaktion von 2-Methylpropen mit Chlorwasserstoff**</u>

Arbeitsauftrag: **Ergänze sinnvoll den Reaktionsmechanismus. Zeichne zur Anschauung der einzelnen Schritte Pfeile ein. Bereite einen erklärenden Vortrag für Deine Mitschüler vor.**

1. Schritt: ____

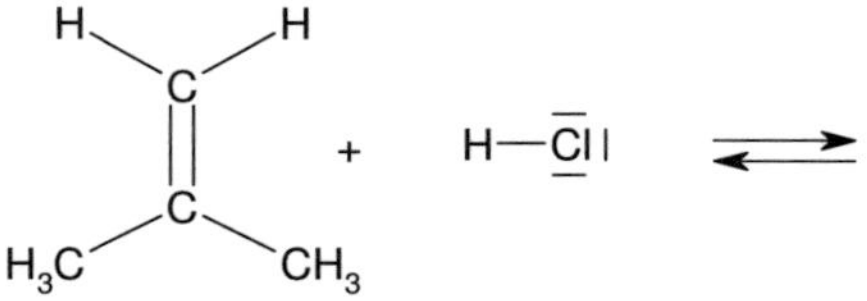

Carboniumion

2. Schritt: ____

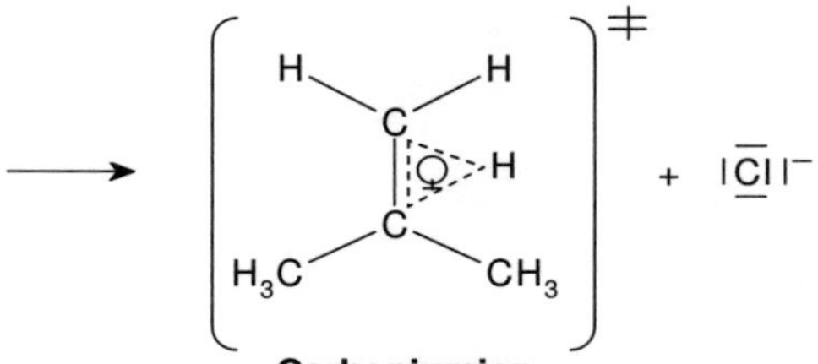

Carboniumion

3.Schritt: ____

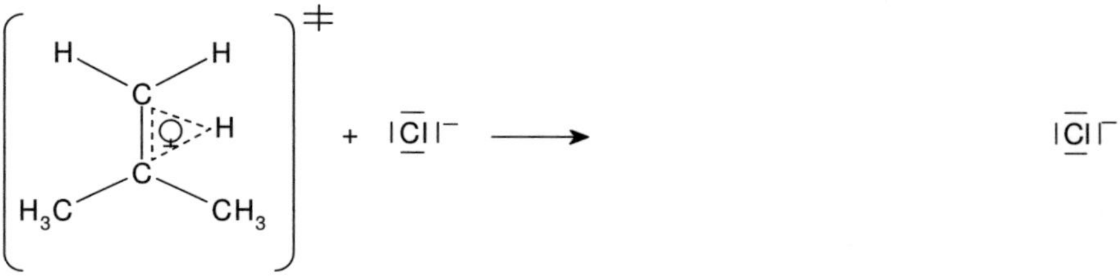

Carbeniumion

4. Schritt: ____

<u>**Arbeitsblatt: Reaktion von 2-Methylpropen mit Chlorwasserstoff**</u>

Arbeitsauftrag: **Ergänze sinnvoll den Reaktionsmechanismus. Zeichne zur Anschauung der einzelnen Schritte Pfeile ein. Bereite einen erklärenden Vortrag für Deine Mitschüler vor.**

1. Schritt: *Bildung eines π-Kompexes*

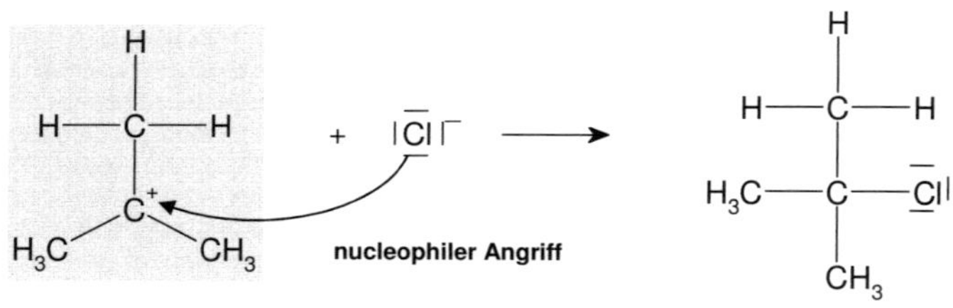

2. Schritt: *elektrophile Anlagerung des Protons / Protonierung der Doppelbdg.*

3.Schritt: *Ringöffnung, Bildung eines Carbeniumions*

4. Schritt: *nucleophiler Angriff des Chlorid-Ions*

  2-Chlor-2-methylpropan

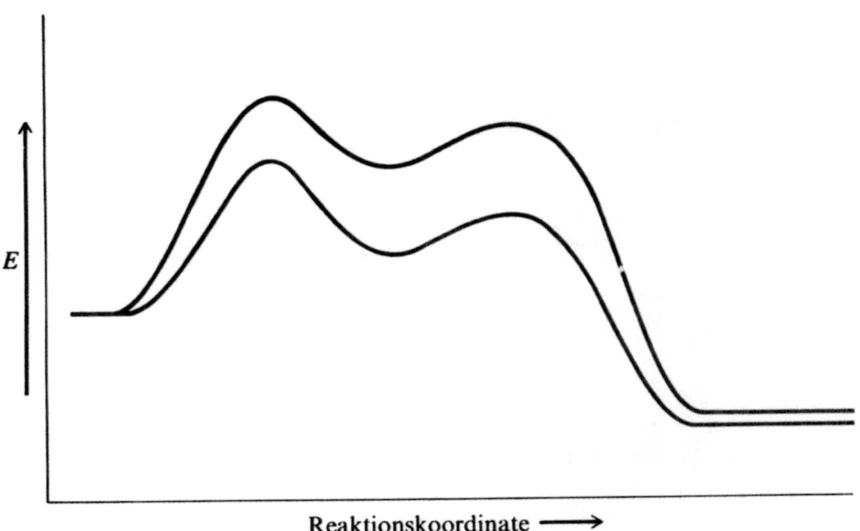

Reaktionskoordinate
E

<u>**Arbeitsblatt: Reaktionen verschiedener Alkene mit Chlorwasserstoff**</u>

Gib die Konstitutionsformeln und die Namen der Hauptprodukte an, die bei der Addition von einem Molekül Chlorwasserstoff an die folgenden Verbindungen entstehen und begründe Deine Entscheidung:

I.

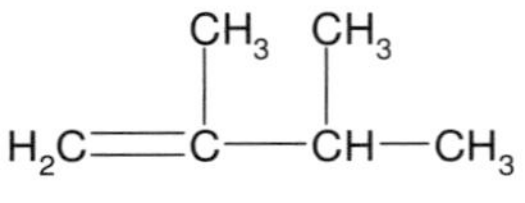

$$H_2C{=}\underset{CH_3}{C}{-}\underset{CH_3}{CH}{-}CH_3$$

II.

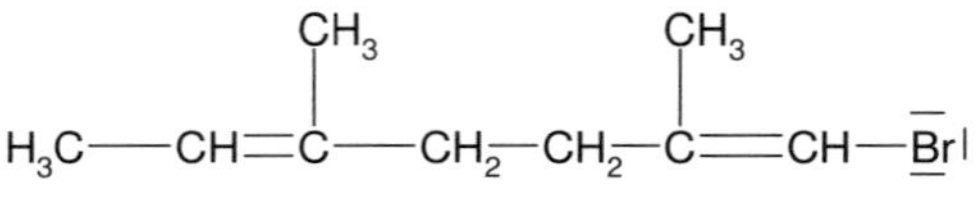

$$H_3C{-}CH{=}\underset{CH_3}{C}{-}CH_2{-}CH_2{-}\underset{CH_3}{C}{=}CH{-}\overline{Br}\,|$$

<u>**Arbeitsblatt: Reaktionen verschiedener Alkene mit Chlorwasserstoff**</u>

Gib die Konstitutionsformeln und die Namen der Hauptprodukte an, die bei der Addition von einem Molekül Chlorwasserstoff an die folgenden Verbindungen entstehen und begründe Deine Entscheidung:

I.

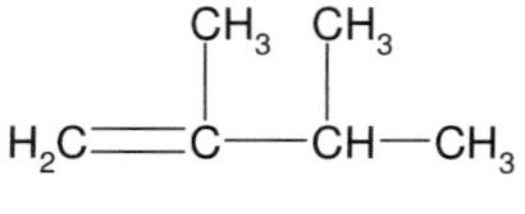

$$H_2C{=}\underset{CH_3}{C}{-}\underset{CH_3}{CH}{-}CH_3$$

II.

$$H_3C{-}CH{=}\underset{CH_3}{C}{-}CH_2{-}CH_2{-}\underset{CH_3}{C}{=}CH{-}\overline{Br}\,|$$

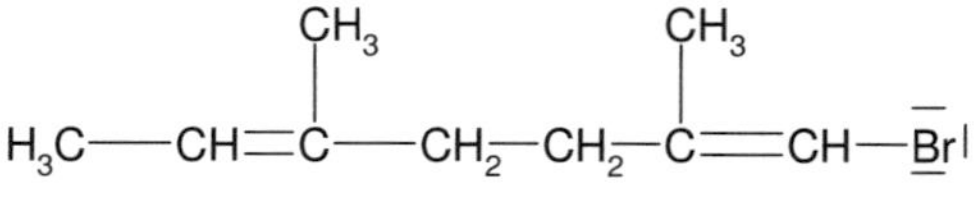